# HYGIÈNE
# DU CHEVAL

# HYGIÈNE DU CHEVAL

SYSTÈME A. DOBELLE

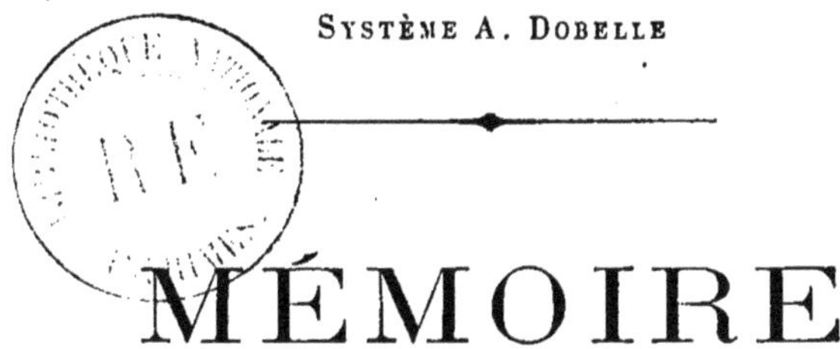

# MÉMOIRE

PRÉSENTÉ PAR M. U. MANGOT,
MÉDECIN VÉTÉRINAIRE DE L'ADMINISTRATION MUNICIPALE D'AMIENS
SECRÉTAIRE DU COMICE AGRICOLE

Ce n'est pas ce que l'on mange qui nourrit;
c'est ce que l'on digère.

*Ce Mémoire a été couronné par la Société Industrielle d'Amiens, dans son Assemblée générale publique du 25 Janvier 1874*

( Extrait du Bulletin de la Société Industrielle d'Amiens )

AMIENS
IMPRIMERIE ET LITHOGRAPHIE
DE T. JEUNET
Membre de la Société

PARIS
LIBRAIRIE INDUSTRIELLE
D'EUGÈNE LACROIX
Libraire-Éditeur

1874

# HYGIÈNE DU CHEVAL

## MÉMOIRE COURONNÉ

*Par la Société Industrielle d'Amiens, dans son Assemblée générale publique du 25 Janvier 1874.*

> Ce n'est pas ce que l'on mange qui nourrit,
> c'est ce que l'on digère.

L'observation et l'expérience ont démontré depuis longtemps qu'au régime herbacé, suffisant au cheval sauvage et libre, il fallait substituer, pour l'entretien du cheval domestique, utilisé comme moteur, un régime plus substantiel et plus tonique, celui des grains et des fourrages secs.

Tous les hommes qui s'occupent de l'élève de ce précieux auxiliaire, de ce moteur animé que la vapeur, malgré ses merveilles, ne pourra jamais remplacer, savent que l'avoine est l'aliment qui convient par excellence au cheval et tous disposent d'une plus grande quantité de fourrages depuis que la culture des prairies artificielles est entrée pour une assez large part dans les assolements.

Mais ce serait une fatale erreur de croire que nous pouvons nous en tenir à ces données et que nous sommes arrivés aux dernières limites de la science de l'élevage et de l'Hygiène, parce que la chimie nous a fait connaître que l'avoine et le foin sont les aliments les plus complets et les plus en harmonie, par la nature de leurs éléments, avec la composition chimique du sang qu'ils doivent réparer et renouveler.

Cette belle science que l'on appelle la Zootechnie a des horizons plus vastes, et l'un de nos grands maîtres en ces matières, M. Samson, disait avec beaucoup d'autorité :

« La doctrine classique sur les valeurs nutritives des aliments, « en ne se préoccupant que de la proportion des éléments chi- « miques, sans tenir aucun compte de leur arrangement molé- « culaire et des propriétés physiques et physiologiques qui en « résultent, néglige les principales données du problème de « l'alimentation. Elle ne peut donc qu'induire l'hygiène à de « fausses appréciations et compromettre l'autorité de la science « aux yeux des praticiens expérimentés et observateurs qui se « sont toujours bien gardés d'ailleurs de s'en inspirer dans leurs « opérations. »

Cette citation nous permet d'aborder notre sujet sans autre préambule et de poser ces questions : L'avoine et les fourrages secs, administrés tels qu'on les récolte et sans leur faire subir aucune préparation, au poulain, au cheval adulte et au vieux cheval, produisent-ils exactement tous les bons résultats qu'on est en droit d'espérer, eu égard à leur composition chimique? En d'autres termes, étant donnés les chiffres précis de leurs éléments constituants, ces éléments sont-ils intégralement élaborés et absorbés? Enfin ne serait-il pas possible, en modifiant l'état physique de ces substances alimentaires, de diminuer la ration, tout en abrégeant la durée de l'élevage, d'éviter une foule de maladies, résultant d'une mastication incomplète, tout en prolongeant la durée du service, en un mot de faire fléchir le prix de revient tout en améliorant nos races ?

Hâtons-nous de dire que ces questions ne sont pas nouvelles, mais, comme tous les problèmes de cette nature, celui-ci ne peut être résolu que par l'expérimentation, et nous pensons que généralement cette expérimentation n'a été ni assez longue ni assez complète.

Pour notre part, nous pouvons invoquer six années d'expérience sur plus de trente chevaux de la même écurie, de tout âge et de tout service, entretenus exclusivement par le mélange d'avoine aplatie et de fourrage coupé, et nous pouvons ajouter que les résultats constamment obtenus ont été des plus favorables, tant au point de vue de l'hygiène qu'à celui de l'économie. Nous ajouterons encore qu'un très grand nombre de propriétaires de notre ville et d'autres localités importantes se sont associés à nos essais, et que ce contrôle de nos opérations nous a toujours été favorable, quels qu'aient été l'âge, le service et la race des animaux.

. Mais, avant de résumer nos observations, faisons rapidement l'historique de la question qui nous occupe.

Dès l'année 1856, lors de la création à Paris de la Compagnie des Petites-Voitures, laquelle devait avoir, pour cet immense service, un effectif de 8 à 10 mille chevaux, le Conseil d'administration attira l'attention de la Commission sur le système de nourriture par l'avoine concassé et le fourrage coupé. En considération de l'état d'extrême division de l'avoine qui lui fût présentée, la Commission émit l'avis qu'il y aurait imprudence ou tout au moins témérité à adopter ce système de nourrir sur un si grand nombre de chevaux. Evidemment, sous cette forme, complétement broyée qu'elle était, réduite en quelque sorte en état de farine, l'avoine devait être déglutie par l'animal sans avoir besoin de subir le travail de la mastication, et conséquemment sans avoir été préalablement imprégnée d'une quantité suffisante de salive, liqueur nécessaire à une bonne digestion.

Cependant on savait à Paris que beaucoup de propriétaires anglais et que de grandes administrations, telles que la Compagnie des Omnibus de Londres, au capital de 6,000 chevaux, parvenaient à entretenir leurs attelages en bon état de santé avec une ration moindre.

M. Renault, directeur de l'école d'Alfort, fut chargé par le Conseil d'administration de la Compagnie de Paris de faire un voyage à Londres et de résumer toutes ses impressions dans un rapport.

Ce rapport parut en 1858. M. Renault dit que chaque cheval de la Compagnie de Londres reçoit un mélange d'avoine aplatie, 7 kilos 250, de foin haché, 3 kilos 400, et de paille hachée, 1 kilo 133, soit le poids total de la ration parfaitement mélangée, 11 kilos 783.

C'est ici le lieu de faire remarquer la différence notable qui existe entre l'avoine ainsi préparée et celle qu'on avait jusque-là conseillée en France sous le nom d'*avoine concassée.*

« Dans l'avoine aplatie, dit M. Renault, le grain a si peu perdu « de sa forme qu'à le voir à quelque distance, on pourrait croire « qu'il n'a subi aucune préparation. C'est seulement en en prenant « une poignée dans la main qu'on s'aperçoit des modifications « qu'il a subies, son écorce est fendillée, meurtrie, écrasée dans le « sens de sa longueur, et, à travers ces fissures, ces crevés, on « aperçoit sa farine restée tout entière ou à peu près dans son « enveloppe corticale. »

Après avoir déclaré que la Compagnie de Londres réalisait par an 546,000 francs de bénéfice net par ce mode de nourrir, que l'état sanitaire était très satisfaisant, et que les chevaux étaient plus vigoureux, M. Renault ajoute encore :

« Pourtant, de ce que j'ai vu et recueilli à Londres sur ce « système d'alimentation, je n'infère pas que ces avantages soient « déjà chose jugée, et qu'il y ait lieu, dès à présent, à en pro- « clamer l'excellence et à prétendre qu'il faille en généraliser « immédiatement l'emploi sur nos chevaux. La matière est trop « délicate, l'expérience n'est encore ni assez complète ni assez « prolongée pour qu'il soit prudent de conclure et de marcher si « vite. » Plus loin : « Le seul mode d'examen qui convienne, c'est « le contrôle d'une expérimentation pratique faite et suivie avec « l'intelligente attention et la publicité qu'exige un pareil fait. « Or, cette expérimentation, je suis heureux de le constater, elle « est en voie d'exécution dans notre pays. »

Alors, M. Renault rapporte des expériences faites à cette

époque (1858), l'une chez M. Noël, maître de postes à Chartres, l'autre chez M. Bailleau, cultivateur à Illiers, près Chartres, sur 14 juments. Dans ces deux expériences, les résultats furent très satisfaisants. M. Noël réalisa par an 7,956 fr. d'économie, et M. Bailleau 3,066 fr. sur ses 14 juments. L'état sanitaire resta excellent dans ces deux maisons.

A peu près au même moment, l'expérimentation, faite sur plus de 800 chevaux à la Compagnie des Petites-Voitures ne donna pas de résultats concluants ni en faveur du système ni contre lui. Il y eut mauvais vouloir du personnel, et les expériences ne furent ni assez prolongées ni assez complètes.

M. Leblanc, l'un des vétérinaires les plus compétents de Paris. se prononça d'une manière très nette contre ce système d'alimentation et cita à l'appui de son opinion les résultats obtenus à Lyon, au Creuzot, et ceux qu'il obtint lui-même après un essai sur son propre cheval.

Mais un autre praticien non moins distingué, M. Charlier, attaché à la Compagnie des Petites-Voitures, et ayant, en cette qualité, pu suivre parfaitement les expériences, répondit à M. Leblanc dans le *Recueil de médecine vétérinaire de l'École d'Alfort :*
« Dans tout ce qui s'est passé, rien ne m'a paru établir d'une
« manière évidente que le régime comprimé fût mauvais, inca-
« pable de permettre la réalisation de quelques bénéfices. La
« Compagnie, comme beaucoup de particuliers, a eu le grand tort
« de vouloir obtenir immédiatement trop de bénéfices par l'emploi
« du nouveau système, en diminuant trop tout-à-coup les
« rations qui n'étaient que bien juste suffisantes ; en substituant,
« surtout pour des chevaux qui fatiguent beaucoup, l'orge à
« l'avoine, puisqu'il est démontré que dans nos contrées le premier
« de ces grains est relâchant, de difficile digestion, tandis que
« l'avoine est reconnue pour le meilleur, le plus nutritif, le plus
« stimulant des grains qu'on puisse donner au cheval. Ajoutez
« à cela l'achat de chevaux trop jeunes pour résister aux exi-
« gences du service, augmentées encore par l'extension des courses

« jusqu'aux fortifications, la consommation de mauvais fourrage, « de mauvaises avoines, et vous reconnaîtrez, avec moi, que la « cause du dépérissement de notre cavalerie peut bien être partout « ailleurs que dans l'usage du régime comprimé. »

En 1864, M. Colin, physiologiste éminent et professeur à l'École d'Alfort, publia une étude remarquable, sur les effets et sur le degré d'utilité de la division et du mélange des aliments.

Il dit : « J'ai suivi comparativement le foin entier et le foin « haché, l'avoine entière et l'avoine écrasée, dans toute la longueur « du tube digestif. J'ai cherché à voir le temps que l'aliment, sous « chacune de ces formes, met à être mâché, la quantité de salive « qu'il absorbe, la durée de son séjour dans l'estomac, la rapidité « de sa progression dans l'intestin ; puis, par l'examen microsco- « pique, par les pesées des matières et de leurs résidus, par l'acti- « vité de l'absorption et par l'état du chyle, j'ai essayé d'apprécier « la perfection apparente des divers actes du travail digestif. « Dans une autre série de recherches, j'ai examiné comparative- « ment la digestion des aliments donnés seuls et celle des aliments « mélangés pour distinguer les cas dans lesquels les mélanges sont « avantageux de ceux où ils sont préjudiciables. »

Plus loin, il conclut ainsi : « Je ne vois pas, à part pour les vieux « chevaux et les poulains, que l'avoine écrasée ait des avantages « bien sensibles sur l'avoine entière. La division préalable ne rend « pas habituellement la mastication plus parfaite, n'abrége point « la durée des repas, et ne fait pas varier notablement la quantité « de salive absorbée. La digestion du foin entier marche de pair « avec celle du foin haché ; l'une et l'autre mettent un temps « égal à s'opérer ; elles ont sensiblement le même degré de perfec- « tion. »

Tel est, rapidement fait, l'exposé fidèle des appréciations formulées sur le sujet qui nous occupe, et, pour ne nous arrêter qu'aux deux principales, nous voyons, d'un côté, M. Renault, membre de l'Institut, en présence d'une expérimentation en grand, continuée pendant de longues années par diverses Compagnies anglaises, converti au mode de nourrir par le mélange d'avoine comprimée et de fourrage coupé ; tandis que, d'un autre côté, un physiologiste des plus éminents, M. Colin, arrive à conclure, après quelques expériences, que ce système ne mérite aucune préférence, sauf toutefois pour les poulains dont l'appareil de la mastication est encore incomplet, et les vieux chevaux chez lesquels ce même appareil est devenu très irrégulier par l'usure très inégale des tables dentaires.

La question en était là quand nous avons commencé nos essais à Amiens sur le même sujet, mais, avant d'aller plus loin, nous devons faire quelques remarques sur les conclusions de M. Colin.

Nous dirons tout d'abord que le savant professeur, en reconnaissant que la division préalable et artificielle est salutaire aux vieux chevaux, est bien près de proclamer l'excellence du système pour les chevaux adultes.

Il ne peut pas ne pas reconnaître que l'usure prématurée des molaires résulte uniquement du travail exagéré dont elles doivent s'acquitter en réduisant à l'état de division nécessaire toutes les matières sèches, dures et fibreuses qui composent la ration de chaque repas. Il lui faut admettre que cette usure et cette inégalité se manifestent d'autant plus vite que la ration journalière sera plus forte, et enfin, qu'une fois détériorés ces précieux organes que l'art n'a pas encore essayé de remplacer en médecine vétérinaire, chacun des rouages de la machine s'altèrera vite à son tour, puisque, malgré une forte ration donnée, mais mal digérée, le sang ne fournira plus à chacun de ces rouages l'équivalent des pertes qu'il subit.

Pour nous, qui avons l'occasion de constater souvent les lésions graves et hâtives de l'appareil dentaire chez le cheval domestique, nous pensons que l'on n'a pas assez réfléchi, jusqu'à ce jour, aux conditions sanitaires toutes différentes qu'a faites à ce généreux animal son état de domesticité.

Pour qu'il puisse suffire à son labeur pénible, il lui faut, au lieu d'herbe tendre et fraîche, un régime sec et très réparateur; si l'ivoire et même les rubans d'émail qui sillonnent la table de ses molaires ne peuvent pas résister à ces frottements répétés, c'est à l'homme, puisqu'il l'a dompté, à chercher les moyens de ne pas être privé par son incurie, et bien avant l'heure marquée par la nature, des services rendus par un si fidèle compagnon.

Nous dirons donc que M. Colin, en voulant bien admettre que le régime comprimé est bon pour les vieux chevaux, en vante par là même les bons effets pour le cheval adulte. Nous nous emparons de cet aveu et nous disons : Soumettez les chevaux adultes à notre système, afin qu'ils ne deviennent pas vieux avant l'âge. Nous ajouterons encore que si M. Colin n'est point parvenu à constater des avantages réels dans ce mode de nourrir pour le cheval adulte, cela tient à ce que des expériences comme les siennes, si ingénieuses qu'elles soient, sont de trop courte durée sur un *même* sujet, et ne permettent pas, justement à cause de cette brièveté, d'arriver à des conclusions susceptibles de faire découvrir les meilleures règles de l'hygiène *qui*, *il* ne faut pas l'oublier, est ici seule en cause.

De ce que le cheval adulte, dans la plénitude de sa force, quand ses molaires s'adaptent parfaitement, arrive à extraire de leur gangue dure et fibreuse tous les principes nutritifs que renferment les aliments, il ne s'ensuit pas que la dent, comme nous venons de le dire, ne s'usera pas prématurément à cette rude besogne, et d'autant plus vite que la ration sera plus forte. Le physiologiste peut bien, après avoir administré des aliments à un sujet d'expériences qu'il ne pourra guère observer longtemps, puisqu'il est obligé de lui faire subir des opérations chirurgicales très-graves, amenant après elles un grand trouble fonctionnel et finalement la mort, il peut bien, dis-je, mesurer le temps que durera la mastication, la quantité de salive sécrétée, la durée du séjour de ces aliments dans l'estomac, la rapidité de leur progression dans l'intestin. Il peut encore, par l'examen microscopique, par les pesées des matières et de leurs résidus, par l'activité de l'absorption et par l'état du chyle, apprécier la perfection apparente des divers actes du travail digestif. Mais ce qu'il ne lui sera jamais possible d'apprécier, c'est la somme d'efforts que chacun des organes de l'appareil digestif aura dû faire pour arriver à cette digestion à peu près complète. Comment évaluer, par exemple, après une expérience qui suit toutes ses phases dans un délai très-court, l'usure des molaires, l'irritation causée sur la muqueuse de l'estomac et de l'intestin par le contact des grains d'avoine restés entiers, inattaqués par le suc gastrique, et ayant fait office de corps étrangers sur tout le parcours du tube digestif ?

Le problème à résoudre ici n'est plus de savoir comment le cheval digère, mais bien de rechercher et de trouver les conditions les plus favorables d'une prompte, complète et facile digestion.

Les faits de chaque jour démontrent au médecin qu'aucun des organes de l'économie n'échappe à la souffrance dès que sa fonction est exagérée ; son devoir est donc de s'inspirer et de faire son profit des découvertes de la physiologie, et d'instituer à son tour une série d'expériences qui n'exigent pas l'habileté chirurgicale de l'expérimentateur physiologiste. Ce dernier, poursuivant son but philosophique, arrive, il est vrai, à surprendre sur le vif, au sein même de l'organisme, les mystères de chacun des actes fonctionnels. Mais l'hygiéniste a l'avantage réel de pouvoir continuer pendant longtemps ses expériences sur un même animal, sans déranger en rien, par l'intervention de la main, l'accomplissement de la fonction, de pouvoir noter chaque jour le plus léger trouble, s'il en apparaît dans l'économie, et de tenir compte également de l'état sanitaire meilleur, s'il s'en manifeste. Dans ce dernier cas, il peut s'arrêter pendant un certain temps pour s'assurer si le bien-être, si le *mieux-être* constaté a été la conséquence du régime nouveau, puis reprendre la marche adoptée d'abord et finalement arriver, quand l'observation a porté sur un très-grand nombre de sujets et qu'elle a pour elle la consécration du temps, à entrevoir et à formuler peut-être une excellente règle d'hygiène.

Après ces quelques réserves à propos des expériences de M. Colin, non pour les contester, mais *pour* établir qu'il est indispensable , si l'on veut arriver à connaître la vérité, d'en instituer d'autres qui s'appliquent plus spécialement à la thèse que nous soutenons, nous allons résumer nos observations.

Vers le mois de mai 1867, M. Dobelle, chef d'une maison importante de roulage à Amiens, venait de voir en Belgique et à Londres de grands établissements qui avaient adopté le mode de nourrir par l'avoine aplatie et le fourrage coupé. En présence des résultats très-satisfaisants au double point de vue de la santé et de l'économie, il résolut de tenter l'application de ce système dans son établissement.

Il s'installa d'abord d'une façon modeste et se contenta d'essayer le système nouveau sur la moitié de ses chevaux. Au bout de six mois, très-satisfait de ces premiers résultats, il soumit tous ses chevaux au régime comprimé. Beaucoup de propriétaires d'Amiens furent frappés de l'excellent état et de la vigueur des animaux de cette maison qui parcourent constamment la ville, les uns au pas, attelés seuls à un camion à 4 roues très-basses, chargés de 1,600 à 2,000 kilos ; les autres, de race boulonnaise comme les premiers, mais plus légers et plus petits, faisant, attelés à un camion semblable et chargés de 800 à 1,000 kilog., un service de factage au trot. Outre ces chevaux, la plupart des juments de 6 à 15 ans et plus, douze chevaux entiers sont utilisés à des charrois par terre sur la route d'Amiens à Doullens, attelés par six sur un chariot lourdement chargé.

Enfin quatre chevaux hongres, tous très-vieux, de race normande, faisaient jusqu'en 1872 un service de diligence sur la même route.

Tous ces animaux, disons-nous, étaient tellement remarqués par leur bon état et leur vigueur que beaucoup de propriétaires voulurent nourrir leurs chevaux par ce système. M. Dobelle se trouva ainsi et tout naturellement engagé à s'installer en grand.

Aujourd'hui, une machine à vapeur de la force de 10 chevaux

met en mouvement trois aplatisseurs, grand modèle, de la maison Peltier, de Paris, lesquels peuvent façonner 15 à 20,000 kilog. d'avoine par jour. Grâce à un agencement ingénieusement combiné, qu'on ne retrouverait nulle part ailleurs, il suffit d'un seul homme pour faire toute la manutention.

L'avoine tombe au rez-de-chaussée dans de vastes trémies, de là elle remonte au premier étage au moyen de chaînes à godets pour être déversée dans trois cylindres, système Pernollet, disposés parallèlement, mesurant quatre mètres de longueur et mis en mouvement par la machine. Ces cylindres sont garnis de tôle perforée et divisés en quatre compartiments. Le premier laisse passer les grenailles , poussière légère, l'avoine maigre et avortée; le deuxième trie la petite avoine, le troisième l'avoine moyenne, et le quatrième la grosse avoine. Enfin à l'extrémité tombent les objets plus gros que l'avoine, tels que morceaux de terre, silex et détritus de toute nature. Au-dessous des cylindres correspondent trois grandes trémies disposées pour recevoir les avoines triées et les déverser entre les rouleaux aplatisseurs. On devine aisément le but qu'on s'est proposé d'atteindre par cette disposition ingénieuse: faire en sorte que chacun des trois aplatisseurs, gradué en conséquence, n'ait à opérer que sur des grains de calibre tout-à-fait uniforme, afin d'obtenir pour la masse le même degré de *perfection* dans le travail d'aplatissement.

Ajoutons encore qu'il faut avoir vu fonctionner ces trois cylindres pour avoir une idée de la quantité de grains avortés, de sanves, de mauvaises petites graines, de poussière, de silex, de morceaux de terre et de débris de toute nature que renferment même les meilleures avoines, et qui néanmoins, jusqu'à ce jour, font partie de la ration. Il n'y a vraiment pas lieu de s'étonner, après cela, de la fréquence d'indigestions et de coliques, que l'on constate sur les chevaux indistinctement, qui sont obligés de déglutir tant de matières inertes, insolubles ou nuisibles.

Ce n'est qu'après avoir été purgée de tous ses éléments impurs et étrangers, et après avoir été divisée en trois catégories, que l'avoine passe sous les cylindres aplatisseurs qui tournent l'un sur l'autre en sens inverse. Aussitôt après cette opération, les trois divisions de calibre différent sont mélangées ensemble. En effet, il n'était nécessaire de les séparer que pour rendre le travail principal plus parfait. Donc, tout le produit des trois aplatisseurs se déverse, en se mélangeant dans un récipient où une seconde chaîne à godets enlève pour la seconde fois toute cette masse au premier étage et vient la déverser dans un nettoyeur ventilateur enfermé lui-même dans une chambre à poussière. C'est dans cet appareil, dont le nom véritable est l'aspirateur américain breveté, que le grain subit sa dernière préparation.

Déjà, immédiatement après sa sortie des rouleaux aplatisseurs, le grain a une toute autre nuance; de terne qu'elle était, l'écorce est devenue brillante. C'est que l'avoine, même la mieux nettoyée, est revêtue d'une couche de poussière impalpable, adhérente à l'enveloppe et qui ne peut être enlevée que par un frottement énergique. Ce frottement, cette friction du grain s'opère au moment même du passage sous les rouleaux aplatisseurs mus à une très-grande vitesse, et toute cette poussière onctueuse s'accumule à l'extrémité supérieure du grain, c'est-à-dire au plumet de l'écorce.

Il était donc indispensable, pour arriver à un degré de propreté, qu'on n'avait jamais atteint, de compléter ces opérations en adjoignant aux appareils cet aspirateur dont la fonction est d'opérer par la densité, et qui est mû par la machine à vapeur comme tous les autres appareils.

Dans cette dernière opération, chaque grain tombe dans l'espace et, au moyen d'un courant d'air très-rapide provoqué par la large surface des volants qui se meuvent à une très-grande vitesse, l'avoine est débarrassée de toute la poussière grasse et impalpable dont elle était revêtne et qui est accumulée, depuis l'opération de l'aplatissement, comme nous l'avons dit, aux plumes de l'écorce.

Tous les hommes compétents qui ont vu fonctionner ces appareils (et nous pourrions en citer beaucoup) ont été frappés de ce brillant, de ce poli et de ce luisant de l'écorce, dont on se rend surtout bien compte en comparant une poignée d'avoine aplatie avec une poignée de grains de même provenance qui n'a pas encore subi ces diverses opérations. Même au toucher, il est aisé de s'en rendre compte : l'une laisse après elle, adhérente dans la main, une partie de cette poussière grasse ; au contraire, l'avoine aplatie nettoyée et ventilée ne laisse pas éprouver cette sensation particulière quand on l'a rejetée.

Ajoutons enfin que le grain, à sa sortie de l'aspirateur américain, tombe dans de vastes trémies qui vont s'aboucher avec des sacs dressés et ouverts pour le recevoir.

Avant d'aller plus loin, nous allons compléter cette courte description des divers appareils, en donnant quelques chiffres qui feront voir combien il importait de perfectionner le système de l'aplatissement préconisé d'abord par les Anglais.

Expérience sur 10,000 kilogrammes, avoine noire 1er choix, pesant 48 kilogrammes l'hectolitre.

| | | | | |
|---|---|---|---|---|
| 1re division | avoine petite cribles 2 millim. | 23 0/0 | 2,300 | 10,000 k. |
| 2e — | avoine moyenne, cribles 2 m. 250 | 37 0/0 | 3,700 | |
| 3e — | avoine grosse, cribles 3 millim. | 40 0/0 | 4,000 | |

| | | |
|---|---|---|
| Les trois divisions aplaties, réunies et nettoyées par aspiration, produit. . . . . . . . . . . . | 9,838 | 10,000 k. |
| Déchets plus petits que l'avoine, grenaille, poussière et autres . . . . . . . . . . . . . . . . | 67 | |
| Déchets plus gros que l'avoine, silex et détritus de toute nature. . . . . . . . . . . . . . | 84 | |
| Poussière légère n'ayant pu être recueillie . . . . | 11 | |

La culture peut faire son profit de la troisième division pour semence qui produit un poids de 40 0/0.

Disons surtout que dans toutes les avoines on retrouve ces trois catégories différentes, et que tout le secret était de les séparer sans augmentation de frais. C'est en cela que consiste le progrès remarquable que l'on a fait faire, à Amiens, à la question qui nous occupe.

Le nettoiement parfait et la division préalable étaient absolument nécessaires pour obtenir un aplatissement régulier de la masse. Il fallait en arriver là pour rendre ce procédé très-pratique, pour pouvoir convertir les plus prévenus et pour être en droit de proclamer, après une expérimentation déjà longue, l'excellence de ce système de nourrir. Nous ne craignons pas d'affirmer que par là se trouve simplifié le problème de l'élevage et qu'il est possible de fabriquer plus vite, en meilleure qualité et à moins de frais, ce produit qui n'a jamais été plus rare ni plus cher, que l'on appelle cheval.

Quoique nous ne puissions citer d'expériences faites sur des poulains et de jeunes chevaux de 2 à 4 ans, on peut cependant soutenir, sans être accusé d'émettre une opinion *à priori*, que l'avoine aplatie produira surtout des effets salutaires au moment du travail de la dentition. Les éleveurs oublient trop que soixante-quatre dents doivent apparaître sur les deux mâchoires du cheval pendant les cinq premières années de la vie, que ce travail de la dentition est souvent très-douloureux et qu'il amène après lui une très-grande faiblesse, et souvent un état maladif très-accentué. Ne peut-on pas soutenir qu'en administrant dès le jeune âge une nourriture bien préparée et en atténuant ainsi les souffrances et les difficultés dans la mastication, non seulement on diminuerait les frais d'élevage en diminuant la ration, mais surtout on ferait faire un grand pas à la question si importante de l'amélioration de nos races ?

Qui oserait ne pas entrevoir les bons effets d'un régime tout-à-fait approprié au peu de force de l'appareil digestif dans le jeune âge ? Au lait, qui est l'aliment par excellence des jeunes êtres et des faibles, le seul qu'un jeune estomac puisse digérer, quel que soit le genre de la grande classe des mammifères que l'on observe, nous faisons succéder brusquement et sans transition, pour la nourriture du poulain, l'avoine et le fourrage sec, c'est-à-dire des aliments qui présentent trop de résistance à de jeunes mâchoires mal armées, et c'est là la cause de l'amaigrissement ou mieux de la défloraison que l'on observe chez tous les poulains après le sevrage. Dans l'espoir d'arrêter cette défloraison, on augmente la ration; mais plus on donne de ces aliments durs, c'est-à-dire plus on fait de frais, plus les effets d'une mastication incomplète se font remarquer.

Le ventre se distend, les intestins trop chargés font baisser la colonne vertébrale à laquelle ils sont appendus et qui est si flexible à cet âge, ils font paraître tous les poulains ensellés. Le trop plein des viscères refoule en avant le diaphragme et les poumons et fait diminuer d'autant la capacité de la poitrine. En un mot, le jeune sujet est plein d'aliments et il maigrit comme un affamé.

Mais revenons à un point important de notre sujet, qui est de savoir ce que coûtent les diverses façons données au grain en le faisant passer par les machines.

On peut affirmer que, en comprenant tous les frais de manutention d'hommes, de charbon, d'usure et d'entretien de machines, les 100 kilog. ne coûtent que 20 centimes de façon.

Cette somme paraîtra peut-être tellement minime que quelques personnes auront de la peine à nous croire ; cependant si l'on réfléchit que deux hectolitres et demi de charbon suffisent pour alimenter la machine pendant dix heures, que deux hommes arrivent facilement à faire tout le travail, il est aisé de comprendre qu'en répartissant ces frais sur une quantité de 15 à 20,000 kilog. que l'on peut façonner par jour, le prix de revient, en comptant très-largement, ne soit que de 20 centimes par 100 kilog.

Pour être juste cependant, il faut ajouter que l'établissement d'Amiens se trouve dans des conditions particulières très-favorables au succès d'une installation en grand. L'embranchement qui relie l'établissement à la gare, la grande étendue des magasins, les vastes constructions, le nombreux personnel dont on dispose, ce sont là autant de conditions heureuses très-propres à diminuer singulièrement les premiers frais d'installation et de manutention. Si nous ajoutons encore que le nombre de chevaux dont a besoin le propriétaire de cet établissement, a dû lui suggérer assez naturellement l'idée d'essayer chez lui un système reconnu bon ailleurs, chacun comprendra qu'il ait tenté, après cinq années d'expériences pendant chacune desquelles on a économisé annuellement la somme moyenne de 7,500 fr., de tirer encore un autre parti de ces conditions favorables et toutes particulières que nous venons d'énumérer, et qu'il ait songé à mettre à profit les autres avantages résultant pour lui d'une situation au milieu d'une grande ville d'industrie et de commerce, au centre d'une contrée qui s'adonne de plus en plus à l'élevage du cheval, et dont le sol est très-favorable à la culture de l'avoine. C'est à ces éléments divers, et surtout à cet esprit d'initiative du chef de l'établissement dont nous parlons, que l'on est redevable des progrès très-remarquables qui ont été réalisés, à Amiens, dans le mode de nourrir préconisé par les Anglais les premiers.

C'est que, en effet, avant l'emploi du nouveau procédé de division, les déchets et la perte étaient bien plus considérables. En aplatissant toute la masse, il fallait inévitablement, pour atteindre l'avoine moyenne et la petite qui forment la plus grande partie du tout, sacrifier la plus grosse, c'est-à-dire la meilleure, en lui faisant subir un aplatissement exagéré, un écrasement à peu près *complet*, qui séparait l'écorce du noyau, et amincissait tellement ce dernier sur deux faces, que l'aspirateur américain dont la fonction est d'opérer par la densité, si on l'eût employé, eût projeté au loin avec la poussière une partie de cette grosse avoine, prêtant par sa nouvelle forme une trop large surface au courant d'air déterminé par les volants de la machine dont nous parlons.

Il était donc urgent de perfectionner le mode d'opération en trouvant le moyen de la division préalable : tout le secret était là ; et il ne faut pas chercher ailleurs les causes du peu de succès et de réussite de certains expérimentateurs français. Ils ont été amenés à rejeter l'avoine aplatie parce que ses effets, au point de vue de l'hygiène, étaient loin d'être aussi palpables que dans les expériences de M. Dobelle.

Nous arrivons maintenant à décrire les changements que subit le grain dans son état physique. Il importe d'autant plus de les préciser qu'à l'œil il est impossible, en voyant deux tas d'avoine, de dire quel est celui qui a passé par les machines. Ce n'est qu'en plongeant la main dans l'un et dans l'autre que l'on pourra en faire la distinction ; à la sensation de moelleux que l'on éprouve, de résistance moindre à la pression, il semble que le volume diminue et cède dans la main qui a saisi une poignée de grain façonné. Mais si on examine ces grains à la loupe, on voit que d'abord l'écorce ne forme plus une cuirasse imperméable qui enveloppe parfaitement le noyau ; cette enveloppe est déchirée, déchiquetée, dans le sens de sa longueur ; et disons de suite que c'est grâce à ces déchirures, à ces crevés, que le suc dissolvant de l'estomac pourra imprégner le noyau et le pénétrer dans toute son épaisseur. Au contraire, quand le grain est dégluti sans avoir été touché par la dent, comme c'est souvent le cas quand on donne l'avoine sans lui avoir fait subir aucune préparation, on peut être certain que le noyau sera protégé par son enveloppe imperméable et que le plus souvent l'avoine sortira de l'estomac sans avoir été attaquée par le suc gastrique. Cela est d'autant plus vrai que, par une particularité anatomique bien connue, c'est-à-dire à cause du peu de capacité de l'estomac, la digestion gastrique chez le *cheval* est de courte durée.

Il y a longtemps que les auteurs ont interprété cette disposition anatomique, en disant, ce qui est vrai, que le cheval étant fait pour la course, devait être en état de fournir une carrière à tous les instants du jour, c'est-à-dire même après son repas. Mais il y a lieu de s'étonner que tout ceci étant connu, on ait encore fait si peu de chose pour rendre moins pénible et plus parfaite la fonction de l'estomac, puisqu'elle doit s'accomplir dans un laps de temps très-court.

La déchirure de l'écorce n'est pas le seul changement qu'ait subi le grain ; il n'y a plus d'adhérence entre la face interne de l'enveloppe et le noyau ; le noyau lui-même, de cylindrique qu'il était, devient légèrement aplati et présente deux faces, et enfin la cohésion est rompue entre les différentes particules qui constituent l'amande farineuse. Tels sont, outre l'extrême propreté et le brillant de l'extérieur, les différents changements qui sont à noter ; on peut dire que le grain, sous ce nouvel état, a subi un commencement de mastication artificielle, mais, nous le répétons, le noyau n'est pas à découvert, et, fait très-digne de remarque, le cheval, même le plus avide et le plus capable de bien broyer ses aliments, met le même temps pour mâcher de nouveau ce qui est si bien préparé ; la fonction de l'insalivation s'opère donc complétement.

Y a-t-il lieu de s'étonner maintenant qu'un régime comme celui-ci soit salutaire, non-seulement chez le poulain et le vieux cheval, mais même chez le cheval adulte? Nous déclarons ici que l'on peut réaliser en moyenne 15 à 20 pour 100 d'économie sur le prix de la ration journalière, et que l'on constate jusqu'à 25 et 30 p. 100 chez les chevaux dont l'appareil dentaire est en mauvais état.

Cela s'explique aisément quand on songe à la dépense énorme d'efforts pénibles et laborieux que font l'estomac et l'intestin pour essayer de dissoudre, sans pouvoir y arriver, la grande quantité de grains déglutis dans leur entier. Quand on épargne cette fatigue extrême au cheval, on s'aperçoit bien vite qu'il ne faut pas à cet animal, pour s'entretenir, une ration aussi forte que celle qu'on lui administre le plus souvent, et la réduction que l'on fait dès qu'on le traite avec plus de discernement démontre d'une manière éclatante ce fait qui est bien vrai, à savoir que le cheval dépense une forte partie des principes assimilés antérieurement pour s'en assimiler de nouveaux.

Essaierons-nous maintenant d'énumérer toutes ces maladies qui résultent d'une hygiène mal entendue? Non, la liste en serait trop longue, car tout se tient dans la machine animale, et les relations fonctionnelles les plus étroites unissent les uns aux autres les divers appareils de l'économie. Bornons-nous à citer les affections qui dérivent le plus directement des digestions difficiles et incomplètes, c'est-à-dire les inflammations de l'estomac et de l'intestin, les gastro-entérites et beaucoup de variétés de coliques. Eh bien, le plus bel éloge que nous puissions faire de cette méthode, c'est que nous pouvons affirmer que depuis six ans, sur plus de cent cinquante chevaux différents que nous avons observés jour par jour, pas un cas de coliques, pas un seul cas d'entérite n'a été constaté ; nous ajouterons encore, sans crainte d'être démenti, que depuis la même époque pas une saignée n'a été faite par nous sur ces mêmes animaux.

Ces chevaux sont très-ardents au travail, les chairs sont très-fermes, les masses musculaires bien nourries, la graisse n'est pas trop abondante, les muqueuses sont uniformément rosées ; elles ne sont jamais injectées, ce qui indique plus souvent un état inflammatoire qu'un état pléthorique, et enfin les crottins sont fermes, bien moulés, rendus sans effort, et surtout ils ne renferment jamais de grains restés entiers.

Nous allons plus loin. Nous avons acquis la certitude que ce régime à lui seul valait mieux dans certains cas de maladie chronique que tous les traitements indiqués. Nous ne voulons pas nous contenter de *produire* ici nos affirmations, nous allons publier une lettre d'un de nos confrères, vétérinaire en premier très-distingué au 5$^{e}$ régiment de dragons, qui a tenté l'emploi de l'avoine comprimée, non-seulement comme aliment, mais encore comme médicament.

Nous ferons observer qu'il n'a fait qu'une substitution de ration, il n'a administré d'avoine aplatie que pour la somme exacte qui est allouée à chaque cheval de cavalerie de ligne. Il a poussé le scrupule jusqu'à retrancher sur la quantité ce qu'il a fallu pour payer les frais de transport. Voici ce qu'il nous répondit après une expérience de 30 jours :

« Abbeville, 28 juin 1873.

« Mon cher Collègue,

« L'essai que j'ai fait de l'avoine aplatie a produit un résultat merveil-
« leux sur un cheval d'officier qui était depuis deux ans dans un état
« de maigreur très-prononcé par suite d'une gastro-entérite chronique
« qui a résisté aux traitements ordinaires.

« Ce cheval est aujourd'hui fort vigoureux et plein de santé.

« J'ai donné l'avoine selon vos indications, l'effet en a été prompt; on
« ne peut souhaiter un plus heureux succès.

« Faites donc tous vos efforts pour propager l'usage de l'avoine aplatie
« (*qu'il ne faut pas confondre avec l'avoine concassée*). Ce mode d'ali-
« mentation, étant économique et hygiénique, est appelé à rendre de
« grands services à l'agriculture.

« Recevez, etc.,

« Signé : A. PELLETIER. »

Répétons, en terminant, que nous demeurons convaincu qu'il s'agit ici d'une question de premier ordre, que *nos* expériences très-longues et très-variées sur un grand nombre de chevaux nous permettent de considérer le problème comme tout-à-fait résolu en faveur du système que nous préconisons, et que nous ne nous arrêterons pas à ce premier essai de publicité.

U. MANGOT,

Médecin vétérinaire de l'Administration municipale d'Amiens, Secrétaire du Comice agricole,

*Lauréat (grande médaille d'or) de la Société industrielle d'Amiens.*

8737. — Amiens, Imp. T. Jeunet.